ワインと料理
ペアリングの楽しみ方

手ごろなワインでおいしい料理を！

ソムリエ 森上 久生

CONTENTS

4 もっと気軽にワインを楽しみましょう

5 ペアリングのアドバイス 野菜・フルーツとワインの組み合わせ方の例

6 ペアリングのアドバイス フルーツやパクチーと相性のよいワインも…。あなたも発見してみてください。

8 手軽に楽しめるワインはいろいろあります

10 ペアリングのアドバイス グラスのカタチ、いろいろ

11 **1. 野菜をもっと、もっとおいしく**

12 白インゲン豆とミント風味のグリンピースのスープ 甘エビ添え

14 イエロートマトと舞茸のサラダ

16 キヌアと根菜の温製サラダ ココナッツの香り

18 タルトフランベ

20 オリーブときのこのリゾーニ

22 ベーコンとペコロス、じゃがいものココット焼き

24 春巻きとマンゴーチャツネ

26 夏野菜のスダチジュレ掛け

28 土鍋の松茸ご飯

30 ワンポイントアドバイス 意外に合うワインとのペアリング

31 **2. 魚料理はお洒落においしく**

32 サーモンのマリネ　バニラ風味のフルーツトマト　ニンジンと八朔のヴィネグレット

34 アオリイカのグリル・白桃とスナップエンドウのサラダ フランボワーズのヴィネグレット

36 オマール海老とパパイヤのサラダ仕立て

38 カリフラワームースと蟹　ライムの香り

40 赤ワインソースをからめたアナゴのグリル サラダ仕立て

42 スズキのロースト　プロヴァンス風

44 白身魚のアクアパッツア

46 マグロとコリンキーのサラダ仕立て

48 イカとタコのセビーチェ

50 帆立とじゅん菜、シャインマスカットの酢の物
52 タコとカボチャの甘煮
54 アワビとアスパラの肝煮
56 鯛かぶと煮
58 鮎唐揚げ踊り
60 炊合せ
62 天然鯛の焼き霜造り

64 ワンポイントアドバイス 定番のチーズと生ハムに合うワイン

65 **3. 肉料理は本格味つけでおいしく**

66 豚バラロールと浅利のソテー　バルサミコ風味
68 鶏とパクチーのフォー
70 牛タンとトウモロコシのグリル
72 仔羊とパプリカのグリル　グリーンペッパー風味パプリカソース
74 ふくかつ
76 すき焼き

79 **4. デザートを楽しく おいしく**

80 パンナコッタ・グレープフルーツのジュレ　紅茶のチュイル添え
82 マスカルポーネとブルーベリーのデザート
カカオのチュイルと黒コショウの風味のガナッシュ
84 桃のクレームブリュレ

86 協力店舗紹介

おいしく料理を作るために

- 材料の分量と料理写真の分量は異なる場合があります。
- 材料の分量、調味料の分量は目安です。味見をして、自分の好み、感覚で仕上げてください。
- 材料表記は、１カップ＝200㎖・大さじ１＝15㎖・小さじ１＝５㎖です。
- ソースやたれなどは多めに作る表記のものが有りますが、密閉袋などに入れて冷凍保存をし、必要な分量を使うと便利です。
- 本書では、ソムリエ森上久生が、ワインと料理のペアリングの楽しみ方を紹介していますが、ワインはお好みで自由にお楽しみください。

もっと気軽にワインを楽しみましょう

昨今、ご家庭でワインを気軽に楽しむ機会が増えてきています。
スーパーマーケットやコンビニでも、おいしいワインがいつでも買えるようになっていますので、ワインはより身近な存在になってきました。
お気に入りの赤ワイン、白ワイン、スパークリングワインなどをもっと楽しんでいただきたく、かつ自分好みの味をみつける参考になるように、ワインと料理のペアリングを提案しました。

親しい友人たちとのホームパーティや特別な記念日に、さらにはお客さまへのおもてなしなどにも、ふさわしい料理を本書では紹介してみました。もちろん、アレンジして、毎日の食卓でもワインと一緒に楽しんでいただければ幸いです。

ソムリエ　森上 久生

1968年大分県生まれ。2004年より数々のソムリエコンクールで優秀な実績を納める。
2008年よりジャパンワインチャレンジの審査員として毎年携わり、2012年シャンパーニュ騎士団認定シュバリエとなる。2013年、2015年とテレビドラマ番組内での出演者所作指導を担当。専門雑誌のコラム連載をはじめ、日本国内各地のイベントやセミナー講師として招かれる。近年は著名人のレストラン等でのワイン会コラボレーションのオファーも多く、あらゆるジャンルの料理とワインの理想的なペアリングの提案に評価も高い。また、カルチャー講師として海外ツアーの同行や大手企業のアドバイザーとしても活躍中。

ペアリングのアドバイス

野菜・フルーツとワインの組み合わせ方の例

	野菜	フルーツ	ワイン	生産国	品種
1月	ネギ	キウイフルーツ	白・辛口	スペイン	アルヴァリーニョ
2月	赤ビーツ	イヨカン	赤・スパークリング	イタリア	ランブルスコ
3月	筍	イチゴ	白・辛口	フランス	セミヨン
4月	新玉ネギ	マンゴー	白・辛口	フランス	ソーヴィニヨン
5月	アスパラガス	ドラゴンフルーツ	白・やや辛口	オートトラリア	ゲヴルツトラミネール
6月	カボチャ	ビワ	白・辛口	フランス	ピノグリ
7月	枝豆	スイカ	赤・軽めの辛口	フランス	ガメイ
8月	オクラ	ウメ	赤・辛口	フランス	ピノノワール
9月	里芋	カキ	白・辛口	イタリア	ガルガネガ
10月	松茸	クリ	赤・辛口	南アフリカ	メルロ
11月	春菊	ユズ	白・辛口	オーストラリア	シャルドネ
12月	くわい	リンゴ	白・辛口	スペイン	リースリング

季節の食材とフルーツに合うワインを生産国やぶどうの品種別に紹介してみました。旬のものを楽しめるように一覧にまとめました。シンプルな組み合わせを覚えておくと便利で応用がききます。おいしい料理やデザート作りに活かしてください。

ペアリングのアドバイス

フルーツやパクチーと
相性のよいワインも…。
あなたも発見してみてください。

イチジクやパクチー、マンゴーやライム、マカダミアナッツにさくらんぼ、チョコレート、蜂蜜、白桃に藻塩、柿、梨。ワインに難しそうな気がする食材ですが…。いいえ、調理法やワインの味によっては、なんとぴったりのペアリングが可能なのです。フルーツのさわやかさや酸味、甘味や野菜の持つ独特の香りや味わいをも生かしながら、主張せず、ハーモニーを作りだすワインは、益々受け入れられて、家庭の食卓に上がるようになると思います。
特にフルーツはそのまま食べるだけでなくワインのおつまみとして充分な相性を発揮しますので、あなたも新発見を試みてください。チョコレートやナッツ類は赤ワインとも相性はよく、健康栄養にも優れています。まずは、自分好みのペアリングを探してワインを楽しんでみてください。本書で紹介しているレシピは新しいワインとのペアリングのほんの一部です。

いちじくと パクチー

さわやかな果実の香りと味わいのある辛口の白ワインがおすすめ。

マンゴーと ライム

シャープな酸味があり、まろやかな味わいのある辛口白ワインがぴったり。

さくらんぼと
チョコレート

しっかりとした重めの赤ワインとの相性は抜群。

桃

辛口の白ワインをおすすめします。軽めの白が口当たりよく絶妙な味わいを生みます。

柿

少し甘口のワインは季節の味を引き立ててくれます。
白のワインをおすすめします。

梨

柔らかな、ちょっぴり辛口のスパークリングや、白ワインとは相性がよいのでぜひ、試してみてください。

手軽に楽しめるワインはいろいろあります

さわやかな辛口白ワイン

原産国 フランス アルザス地方
ぶどう品種 リースリング（フレイシャー社）

この地方を代表するリースリング品種ならではの若々しいリンゴや菩提樹のアロマが顕著。味わいも果実味が豊かで優しく繊細です。

まろやかな辛口白ワイン

原産国 フランス アルザス地方
ぶどう品種 ピノグリ（フレイシャー社）

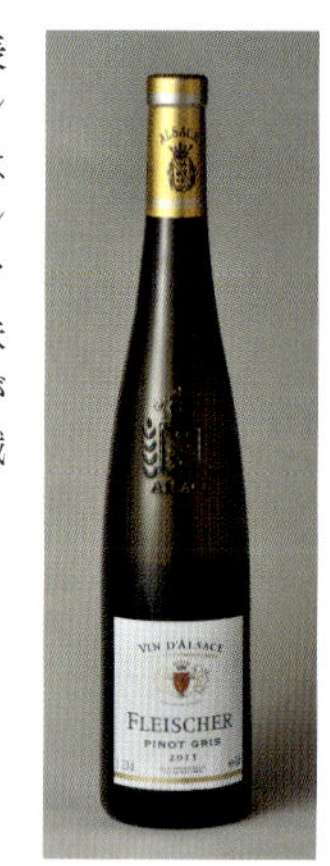

マンゴーやパパイヤ、白檀の香りがあり、味わいはふくよかで丸く広がりがあります。フォワグラやエスニックの料理などとも相性がよいです。

辛口のロゼワイン

原産国 フランス ボルドー地方
ぶどう品種 カベルネソーヴィニヨン・メルロ（D・ド・シュヴァリエ社）

やや濃い目の色合いのロゼ。名門のドメーヌシュヴァリエのチームが醸すワイン鶏肉の軽いサラダ仕立てやマグロのタルタルなどにオススメします。

辛口の赤ワイン

原産国 イタリア ピエモンテ地方
ぶどう品種 ネッビオーロ（リコッサ社）

北イタリアのトリノ、この地方の高貴品種ネッビオーロから作られ、しっかりとした渋味と酸味が存在する味わい。ややスパイシーでコクのある落ち着いた味わいが特徴的です。

辛口の白ワイン

原産国 スペイン ガリシア地方
ぶどう品種 アルヴァリーニョ（サンマウロ社）

この地方固有の品種アルヴァリーニョを用いており、白桃やマスカットのようなアロマを放ち、繊細な味わいが特徴的です。ホタテ貝などの甲殻類には絶妙の相性を誇る一品です。

辛口シャンパーニュ

原産国 フランス シャンパーニュ地方
ぶどう品種 シャルドネ・ピノノワール・ムニエ

女性醸造家、フロリエンヌ氏が就任以来、品質向上が著しいメゾン。3年以上の瓶内熟成を経て、シャルドネ主体の風味はより精妙な味わいに昇華します。

やや甘口の白ワイン

原産国 オーストラリア サウス・イースタン・オーストラリア地方
ぶどう品種 トラミネール・リースリング（ローズマウント社）

非常にユニークな品種の組み合わせで、マンゴーのようなトロピカルフルーツのアロマに、味わいはジューシーで酸味は柔らかく、幅広い料理に合います。

発泡性の白ワイン

原産国 スペイン　ペネデス地方
ぶどう品種 シャルドネ・チャレッロ（ライマット社）

瓶内二次熟成を経て、シャルドネと固有品種を用いて醸される。枇杷やレモングラスの香りをまとい、充分な泡立ちで柔らかでフレッシュな味わいが印象的です。

やや辛口の白ワイン

原産国 フランス ブルゴーニュ地方
ぶどう品種 シャルドネ（ジェイ・モロー社）

シャルドネ品種の代表的産地、シャブリ地区でもっとも個性を開花させ、磯の香りを感じさせる引き締まった味わいには、甲殻類の料理がよく相乗します。

辛口の赤ワイン

原産国 フランス 南西地方
ぶどう品種 マルベック カオール（ポールベルトラン社）

この産地の名士ベルトラン氏とカリフォリニアのカリスマ醸造家、ポール・ホッブス氏とのジョイントベンチャーにより、品種マルベックを用いて香り豊かでフルーティーなワインが造られています。

上質な辛口の赤ワイン

原産国 フランス ブルゴーニュ地方
ぶどう品種 ピノノワール（ドメーヌ・ドゥ・ラ・ブージュレ社）

葡萄は全てビオディナミ農法で栽培したものを使用。極めて丁寧な醸造を経てリリースされます。上質なサクランボや野バラの香りを基調に、果実味豊な繊細な味わいです。

香り豊かな辛口白ワイン

原産国 チリ マイポヴァレー
ぶどう品種 ソーヴィニヨンブラン（カーサリタ社）

キウイフルーツやレモングラスなどの香りが感じられ、シャープな酸味にややふくよかな味わい。和食にもエスニックにも広くお楽しみいただけます。

程よい辛口の白ワイン

原産国 スペイン　ペネデス地方
ぶどう品種 シャルドネ・アルヴァリーニョ（ライマット社）

シャルドネを主体に、アルヴァリーリョとチャレッロをブレンド、若々しい洋梨の香りやレモン、サフランなどのフレーヴァーが感じられ、味わいもデリケートでなめらか。余韻も長く楽しめます。

辛口芳醇な赤ワイン

原産国 スペイン リオハ レセルバ
ぶどう品種 テンプラニーリョ（マルケス・デ・バルガス社）

固有品種テンプラニーリョを用いモダンなワイン作りが得意な醸造元。凝縮された香りに、木樽の風味を伴う、芳醇な味わいは羊料理との相性のよさは絶妙です。

まろやかでコクのある辛口赤ワイン

原産国 南アフリカ メントーズ オーケストラ
ぶどう品種 カベルネソーヴィニヨン（KWV社）

KWV社によって2006年に新設されたブランド。カベルネソーヴィニヨンを主体に、豊かな酒質はコスパにも優れており、料理との幅も広く、すき焼きなどの和食にもピッタリ！

フルボディのしっかりとした質高い赤ワイン

原産国 フランス ボルドー地方
ぶどう品種 メルロ・カベルネフラン（ドメーヌ・ドゥ・ラ社）

著名な醸造家、ステファン　ドゥルノンクール氏が所有するシャトー。サンテミリヨンの東、カスティヨンで生産されており、凝縮された香味に、洗練された酒質を堪能できます。

ややコクのある赤ワイン

原産国 アメリカ カリフォルニア州
ぶどう品種 ジンファンデル（デローチ社）

熟したダークチェリーや杜松（ネズ）のような香りが顕著で、味わいもまろやか。果実味に富んでおり、渋味は穏やかで親しみやすく、カジュアルなシーンでも幅広く楽しめます。

香り高くフルーティーな赤ワイン

原産国 フランス ボジョレー地方
ぶどう品種 ガメイ（ピエールポネル社）

和食では、鮎の天ぷらなどともっとも汎用性のあるワイン。ボジョレー地方のムーラン・ナ・ヴァンは9つある村名のクリュのなかでも一番凝縮したワインが産出されています。

コクのある辛口赤ワイン

原産国 フランス インネ・コート・デュ・ローヌ ヴィラージュ
ぶどう品種 グルナッシュ・ミラー（ガブリエル・メフレ社）

アヴィニョンの周辺の村から収穫された葡萄を基に、グルナッシュやシラーを主体に、胡椒を思わせるスパイシーかつフルボディのワインが特徴的。

やや甘口のオロロソシェリー

原産国 スペイン アンダルシア地方
ぶどう品種 パロミノ（ペマルタン社）

パルミノ品種を用い醸造の途中で酒精強化を行うのが特徴。長い間の樽熟成を経て出荷される酒精強化タイプのシェリーでオロロソとは“におい”を意味します。

弱発泡性、やや甘口の赤ワイン

原産国 イタリア エミリアロマーニャ地方
ぶどう品種 ランブルスコ（パスクワ社）

口当たりは優しく適度な発砲が味覚を刺激してくれます。同じ産地であるパルマの生ハムや様々なチーズと気軽にお楽しみください。

辛口のロゼ

原産国 イタリア ヴェネト地方
ぶどう品種 コルヴィーナ、ロンディネッラ（パスクワ社）

固有品種、コルヴィーナ、ロンディネッラなどを使用し、ロミオとジュリエットの舞台ともなったヴェローナでこのワインは産出されます。幅広い料理に対応可能。

ソムリエからのひとこと

その日の料理に合わせて、あなたのお好みのワインを選んで、毎日の食卓を楽しく、豊かにしてください。
ワインは収穫年によって表情を変えます。じっくりと味わってお好みを探しあててみましょう。

ペアリングのアドバイス

グラスのカタチ、いろいろ

ワイングラスには、赤ワイン用、白ワイン用、シャンパン用（スパークリング用）、ブルコーニュ用、ボルドー用、そして、シェリー用などいろいろなカタチ、大きさのものがありますが、基本的なものを選んで楽しんでいただければと思います。こんなグラスで飲むとワインがおいしいと感じられるのは、口当たりのよい薄いもので、透明でワインの色がよくわかるもの、手の温かさが伝わりにくい足の長いもの、香りが逃げないように口が少しすぼまっているものを選んでみてください。たて長のシャンパングラスなどでは、美しい泡立ちをみたり、底の丸い足のないグラスでは、テーブルいっぱいに広がる香りを愉しんだりとワインを充実させるためのアイテムとしてグラス選びも楽しいものです。あなた好みのグラスで心豊かな時間を過ごすことをおすすめします。

1.

野菜をもっと、もっと おいしく

ソムリエからのアドバイス

素朴な白インゲン豆に、初々しいグリーンピースを組み合わせてみました。
海老のかすかに赤い色合いが食欲を促します。
ワインはチリのソーヴィニヨンブランやイタリアのソアベなどをおすすめします。

白インゲン豆とミント風味のグリンピースのスープ　甘エビ添え

旬野菜のハーモニー、ほんのり甘いさわやかなとろりとしたスープは休日のブランチにぜひ。ちょっぴり辛口の白ワインと一緒に。

白インゲンの豆のスープ

材料（４人前）

白インゲン豆（乾燥）……100 g
（水洗いして、一晩水に漬けて戻しておく）
牛乳……250 g
生クリーム35％……50mℓ
塩……適量

作り方

❶ 戻した白インゲンを豆を戻し汁と共に鍋に入れて火にかける。
❷ 塩を加え豆がやわらかくなるまで煮る。
❸ 煮えたらミキサーに入れ回す。水分が足りないようなら、つぎ足す。
❹ シノワで濾し、牛乳、生クリームで伸ばし、塩で調味する。

ミント風味のグリーンピースのスープ

材料（４人前）

冷凍グリーンピース……100 g
野菜のブイヨン……150mℓ
スペアミントの葉（ペパーミントでも可）……10枚

作り方

❶ 鍋に湯を沸かし、塩を加え、凍ったままのグリーンピースを入れる。
❷ 柔らかくなったら氷水におとす。
❸ 水気を切り、ミキサーに入れ、野菜のブイヨン、ミントの葉と共に回す。
❹ 味をみて、塩で調整する。

仕上げ

❶ 甘えび（１人前３本）は殻のままボイルしてから皮をむく。塩・オリーブオイルで味つけをする。
❷ 皿に白インゲン豆のスープを流し、グリーンピースのスープ等を使い盛る。
❸ 甘エビをのせて、エクストラバージンオイルを回しかける。

ポイント

白インゲン豆のスープの濃度を少し固めに調整することにより、盛りつけの際、グリーンピースが沈まずに綺麗に盛りつけられる。

アレンジ

季節ごとの野菜のスープでアレンジ可能（トマト、カボチャ、タマネギ、そら豆等）。

イエロートマトと舞茸のサラダ

シンプルに野菜を愉しめる一皿。スパークリングの辛口やさっぱりロゼの辛口ワインにはぴったり。

材料（２人前）

イエロープチトマト	100ｇ（半分にカット）
舞茸	100ｇ（ほぐしておく）
シェリービネガー	適量
万願寺唐辛子	２本（半分に割り種とへたを取り除く）
ベーコン	30ｇ（２㎝にカット）
エシャロットアッシェ	30ｇ（細かく刻み、流水にさらし辛みを抜く）
ヴィネグレットソース	適量（ビネガーソースで代用できます）
イタリアンパセリ	適量（細かく刻む）
ディル	適量（細かく刻む）

作り方

❶ フライパンに油を引いてベーコンを炒め、舞茸を加えよく炒めて仕上げにシェリービネガーで酸味を付けた後、冷ます。
❷ 万願寺唐辛子を直火で香ばしく焼きカットする。
❸ イエロートマト・舞茸・ベーコン・万願寺唐辛子をボウルに入れ、エシャロット・塩・ヴィネグレットで和え、お皿に盛り、刻んだハーブを散らす。

ソムリエからのアドバイス

冷蔵庫に常備しておきたい素材を用いて、非常にヘルシーな構成にしました。
トマトのやや熟した酸味に舞茸の酵素を豊富に含む滋味深い味わいには、
良質なスパークリングワインや気軽なロゼワインが合うと思います。

ソムリエからのアドバイス

キヌアは南米産のスーパーフーズと呼ばれている雑穀で、蛋白質も食物繊維も非常に豊富。
ごぼうやれんこんなど土のような味わいを彷彿させる根菜類とキヌアは理想の組み合わせ。
手頃ながらヘルシー感覚にあふれる優美な一皿に仕上げました。
ワインは、日本の甲州ワインやボジョレーヴィラージュのようなフレッシュ＆フルーティーな赤をおすすめしたい。

キヌアと根菜の温製サラダ
ココナッツの香り

ヘルシーで簡単!! 根菜のシャキシャキ感がうれしい、女子会におすすめの一品。軽めの赤ワインとは相性が抜群。

材料（２人前）

キヌア……20ｇ（柔らかくなるまで茹でる）
れんこん……150ｇ（酢水に漬け灰汁を抜き、柔らかくなるまで茹でる）
蕪……１個（皮をむき触感を残すように茹でる）
ごぼう……1/4本（よく洗い、柔らかくなるまで茹でる）
からし菜……適量
ココナッツオイル……適量
ヴィネグレットソース……適量

作り方

❶ ボウルにキヌア・ココナッツオイル・ヴィネグレットソースを入れ、十分に和える。
❷ ❶にれんこん・ごぼう・蕪を入れ、和えて皿に盛り、からし菜を飾る。

タルトフランベ

カリッとした生地にほんのりバターの香りが…。ホームパーティーなどには最高。さわやかな飲み口の赤ワインがおすすめ!!

材料（３人前 ３枚）

◆生地

薄力粉	125 g
経力粉	125 g
ピュアオリーブオイル	30 g
塩	2 g
パプリカパウダー	4 g
ぬるま湯	100 g

◆具材

玉ねぎ（スライス）	適量
ベーコン（短冊切り）	適量
にんにく（みじん切り）	適量
バター	適量
オリーブ（半分に切る）	適量
ミニトマト（横に半切り）	適量
フロマージュブラン	適量

作り方

生地

❶ ボウルにすべての生地材料を入れて、しっかりとまとまり、手につかなくなるまで練っていく。
❷ 乾かないようにラップで包み一晩冷蔵庫で寝かせる。
❸ オーブンシートを敷いた天板に２ミリ厚に延ばした生地にフロマージュブラン、具材を順にのせて、250℃に温めたオーブンで様子をみながら８～10分焼く。

具材

❶ あらかじめ具材のうち、玉ねぎのスライスとにんにくのみじん切り、スライスして短冊切りにしたベーコンをバターで弱火で炒めておく。フロマージュブランの上にのせる具材のベースとなる。

アレンジ

フロマージュブラン、炒めた玉ねぎとベーコンがあれば、基本のタルトフランベは作れるので、他の具材は季節の野菜などアレンジは自由。

ソムリエからのアドバイス

フランスのアルザス地方で振舞われるタルトフランベは生地の薄いサクッとした触感が楽しめるフランス版のピッツァ。
現地では、様々な具材と地元のあらゆるワインが楽しまれており、その組み合わせは千差万別。今回のトマトとオニオンのパターンでは、ピノグリやヴィオニエ、軽めのローヌ地方の赤ワインなどとおすすめしたい。

ソムリエからのアドバイス

リゾーニは米粒のような形状のパスタで、米よりも吸収性に優れている。
そこで、このリゾーニにオリーブと調和のよいキノコを組み合わせてみた。
きのこから水分が出るが、これはリゾーニが吸い上げ、オリーブの塩っぽさが後味には感じられる。
ここには、海の産地のシェリーをおすすめします。

オリーブときのこのリゾーニ

もちもち感とチーズのとろり感がおいしく、小腹のすいたときには食事としても…。ほんのり甘いシェリーやロゼワインと合わせて。

材料（4人前）

リゾーニ	160 g
玉ねぎ（みじん切り）	1/8個
にんにく（みじん切り）	1片
しめじ	20 g
まいたけ	20 g
ブラウンマッシュルーム	20 g
ブラックオリーブ	8粒
生クリーム	適量
粉チーズ	適量
塩	適量
黒胡椒	適量

作り方

❶ 鍋でにんにくをオリーブオイルで炒め、香りが出たら玉ねぎを入れて弱火で色づけない程度に炒める。
❷ ❶の鍋にきのこを入れ、さらに焦がさないように少量の水を入れて沸かし風味をうつす。
❸ 別鍋でリゾーニを少し芯が残るくらいに茹でる。
❹ ❷の鍋に茹でたリゾーニとオリーブを入れ、生クリームを加えて詰める。塩と胡椒で調味。
❺ チーズを加え、とろみが出たら器にうつし、パセリを散らす。

ワンポイント

今回は米の形のパスタを使用したが、もし米を使いたい場合は米をバターと玉ねぎで炒めて1対1の割合の水で固く炊き、小分けにして冷凍するとよい。

チーズは定番のパルミジャーノレジャーノより、塩味の穏やかなグリュイエールを使用したが、好みでよい。オリーブからも塩味が出るので、チーズの前に薄めに味を入れる。

ベーコンとペコロス、じゃがいものココット焼き

熱々を楽しみながら、長い夜をワインと一緒に…。コクのある重めの赤ワインや深く香り豊かな辛口の白ワインをおすすめします。

材料（2～3人前）

ベーコン（短冊切り）	50 g
ペコロス（半分に切る）	5個
じゃが芋	大きめ2個
にんにく（皮付き）	2片
バター	20 g
レモン	1/2個
タイム	3本
塩	適量
黒胡椒	適量

作り方

❶ それぞれ野菜に焼き色をつける。

❷ ベーコンを、油を薄く引いたココットでにんにくと一緒に炒めて脂を出す。

❸ ❷のココットに焼き色をつけた野菜、バター、タイム、レモンを加えて、フタをして弱火で25～30分蒸し焼きにする。

ソムリエからのアドバイス

比較的シンプルな材料づかいで年間を通じてアウトドアや家庭など、
どこでも気軽に楽しめます。
ベーコンの香りをペコロスが十分に含み、甘みさえ感じる一品です。
この料理には、ピノグリのようなコクのある白ワインまたは若干スパイシーな南フランスやスペインの赤ワインがよく合います。

ソムリエからのアドバイス

人気メニューの春巻きにエビや鶏肉などの具材を詰め、カリッとオーブンで焼き上げた一品。
マンゴーのチャツネをリンゴや他のフルーツに変えることも可能です。
ふくよかな辛口白ワインまたは軽めの赤ワイン、やや甘口の白ワインでも楽しめます。

春巻きとマンゴーチャツネ

パリパリ春巻きに甘いソースをつけて家庭で楽しむ満足料理。軽めの白、赤ワインや甘めの白ワイン、少し辛口のスパークリングワインとも合います。

春巻き

材料（4人前 8本）

豚挽肉	100 g
海老	5尾
春雨（水で戻す）	20 g
玉ねぎ（みじん切り）	1/4個
にんにく（みじん切り）	1片
カシューナッツ	10粒
香菜（パクチー）	2本
生姜	10 g
春巻きの皮	8枚
ナンプラー	適量
塩	適量

作り方

❶ 豚挽肉と荒く叩いた海老を混ぜておく。
❷ 水で戻した春雨を数秒熱湯でゆでて氷水で冷やす、3㎝くらいに切る。
❸ その他材料（カシューナッツは荒く砕く）を❶に粘りが出るまで混ぜる。
❹ 春巻きの皮で巻いて糊状にした小麦粉で閉じる。
❺ 175～180℃の油で揚げる。

マンゴーチャツネ

材料（4人前）

マンゴー	200 g
砂糖	100 g
生姜	20 g
カルダモン	4 g
レモン汁	1個分
ブラックペッパー	少量

作り方

❶ マンゴーの皮をむいて生姜と少量のサラダ油で炒める。
❷ マンゴーが崩れたら砂糖と水少量（分量外）で煮ていく。
❸ 水分がなくなったらカルダモンとレモン汁を入れてよく混ぜる。

ポイント

常に混ぜながら行う。すぐ使えるが、できれば一晩以上寝かせるのがよい。マンゴーの皮も千切りにして加えてもよい。

夏野菜のスダチジュレ掛け

さわやかな酸味が口いっぱいに広がる、おもてなしの一品。スパークリングワインの軽い辛口と合わせて。

材料（4人前）

茄子	2本
はすいも	1/3本
ヤングコーン	4本
グリーンアスパラ	小さいものならば4本、大きいものなら2本でも可。
巻き海老	20g×4本
うに	50g
出汁	180㎖
薄口醤油	大さじ2杯
味醂	大さじ1杯
スダチの絞り汁	大さじ1杯
板ゼラチン	2.5g

作り方

❶ 焼き茄子にして水につけずに皮をむいておき、一番出汁に水塩（飽和食塩水）を加えた「八方地」に一晩漬け込む。（八方地は出汁22：水塩1）

❷ はすいも（青芋の茎）は、皮をむき、塩で締めてから絞る。水にさらした後、生姜をきかせた八方地で30秒ほど茹でる。鍋ごと氷水で冷ます 。

❸ ヤングコーンは少し高めの油で素揚げにする。甘味が出るようにしっかりと火を通した後、八方地に漬け込む。グリーンアスパラは根元の皮をむき塩茹でして、冷水に取り八方地に漬け込む。

❹ 巻き海老は背わたを抜き塩茹で。冷水に取り殻をむく。
スダチのジュレは出汁、薄口醤油、味醂、スダチ汁半分、ゼラチンを加えて、火にかけて溶かす。粗熱をとった後、スダチ汁半分を入れ固める。それぞれが出来上がったら盛りつける。

❺ うにを乗せてゼリーを掛け、焼き海苔を添える。

ワンポイント

茄子やアスパラガスだけでもおいしく作れる。

ソムリエからのアドバイス

茄子やオクラなど野菜の旨味が溶けこんだ一品には、瓶内での熟成を経たタイプまたは、ほんのりと磯の香りの漂うワインが似合います。
合わせるワインは、シャンパーニュやスペインのアルバリーリョなどがおすすめです。

ソムリエからのアドバイス

旬の松茸をグツグツと音を立てながら土鍋で豪快に炊き込んだ一品。
松茸の香味が混然一体となった鍋の中の白米はこれ以上ない味わいに。
三つ葉などをあしらうとさらに風味が増します。他のキノコ類でも対応可能。
ワインは、スペインの樽熟成をしたリオハまたはイタリアのトレッビアーノ・アブルッツォ
などの白ワインを合わせるとよいでしょう。

土鍋の松茸ご飯

ひと味上の松茸ご飯の炊き立てをご家族で…。香りが食卓いっぱいに広がり幸せ感あふれる季節の一品です。少し辛口の白ワインと相性がぴったり。

材料（3～4人前）

松茸	100ｇ
米	2合
米油	大さじ1
出汁	450mℓ
塩	適量
薄口醤油	20mℓ
濃口醤油	10mℓ

作り方

❶ 松茸をやさしく掃除して傘と軸に分けて刻む。

❷ 米に出汁と松茸の軸を入れて炊く。蒸らし前に傘の部分を入れてフライパンで煙が上がるくらいに温めた米油を回しかける。一瞬火を強くしてフタをして10分ほど蒸らす。
（炊き込みご飯の出汁は米2合に対し出汁450mℓ、塩適量、薄口醤油20mℓ、濃口醤油10mℓで合わせたもの）

ワンポイント

松茸ご飯は後で油を回し入れるのではなく、炊く前に少し常温の油を入れて炊いてもよい。

ワンポイントアドバイス

意外に合うワインとのペアリング

健康志向の時代に、フルーツとワインは…。女性にも人気の相性を紹介しましょう。まずは、近年スーパーマーケットでよく見かけるキウイフルーツです。皮をむき、食べやすい大きさにカットしたらプレーンヨーグルトをつけて食べてください。ちょっと甘めの白ワインかロゼワインとの相性がぴったりです。イチジクの柔らかな甘味には、冷えた辛口のスパークリングワインなどを試してみてはいかがでしょうか、こちらも粋な組み合わせです。
休日での、のんびりタイムに、ワインを楽しむにはとっても手軽なペアリングです。カラダにも、心にもやさしいワインとのひと時をぜひ楽しんでくださいね。

2.

魚料理はお洒落に おいしく

サーモンのマリネ
バニラ風味のフルーツトマト　ニンジンと八朔のヴィネグレット

柑橘系の香りをきかせたさわやかな味わいは、お洒落な食卓のおもてなし料理。香り豊かなコクのある白ワインがおすすめ。

サーモンのマリネ

材料（4人前）

サーモン切り身……300 g
グラニュー糖……50 g
塩……50 g
タイム（細かくほぐす）……2枝
よく洗った八朔の皮……1/2個分
オリーブオイル……適量

作り方

❶ グラニュー糖、塩、タイム、八朔の皮をボウルに入れ混ぜる。
❷ サーモンをバットに乗せ、❶を上から全体に覆うようにかけた後、一晩置く。
❸ 一晩おいたら流水で流し、水気を切る。
❹ バットに乗せ、オリーブオイルでマリネする。

人参と八朔のヴィネグレット

材料（4人前）

人参……1/2本（人参はすりおろす）
八朔……1/2個（果肉だけを取り出す）
白バルサミコまたは白または
赤ワインヴィネガー……大さじ2杯
エクストラバージンオイル……大さじ4杯
グラニュー糖……大さじ1/2

作り方

❶ 全ての材料をジューサーに入れ回す。
❷ 味をみて、塩で調整する。

バニラ風味のフルーツトマト

材料（4人前）

フルーツトマト……2個
バニラペースト又はバニラエッセンス……小さじ1/2
塩……適量
エクストラバージンオイル……適量

作り方

❶ 全ての材料をジューサーに入れ回す。
❷ 味をみて、塩で調整する。

仕上げ

❶ サーモンを一口大のサイコロ状にカットする。
❷ 皿にヴィネグレットをしき、フルーツトマト、サーモンを盛りつける。
❸ エクストラヴァージンオリーブオイルをかけ、お好みのハーブで飾る。

ポイント

サーモンは表面が少し固くなるまでしっかりと一晩マリネすること。

アレンジ

甘夏、オレンジ、ミカン等、その時期のもので楽しめる。しめ鯖等の酢〆した魚でもよい。

ソムリエからのアドバイス

入手が容易で栄養価も高いサーモンを少しお洒落にアレンジしました。
柑橘の香りがアクセントになり、ヴィネグレットの酸味がさらに口中を引き締めます。
ワインは爽やかで香り豊かなリースリングやソーヴィニヨンブランが相応しい。

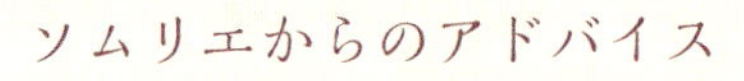

ソムリエからのアドバイス

ミネラルが豊富なイカを香ばしくグリルしたものと旬のフルーツとのコンビネーション。
ワインは、ほんのりと磯の香りがする穏やかなスペイン産のリアスバイシャスが最適ですが、
シャルドネ主体の白ワインでも楽しむことが出来ます。

アオリイカのグリル・白桃とスナップエンドウのサラダ フランボワーズのヴィネグレット

品よくグリルしたアオリイカとフルーツのちょっと意外な取り合わせ。ワインはコクが深くほんのり甘味を感じる白がベスト。

アオリイカのグリル

材料（4人前）

アオリイカ	200 g	白桃	1/2個
スナップエンドウ	6本		

作り方

❶ アオリイカは、皮をむき、格子状に切り目を入れる。

❷ 塩を加えた湯で、2～3秒ほど湯通しし、氷水で冷やす。

❸ スナップエンドウは、スジをとり、塩ゆでする。→5から6等分にカットする。

❹ 白桃は、皮をむき、一口大に切る。

フランボワーズのヴィネグレット

材料（4人前）

フランボワーズ	100 g	塩	少々
フランボワーズヴィネガー	大さじ1/2	砂糖	少々
エクストラバージンオイル	大さじ3杯		

作り方

❶ 全ての材料をミキサーに入れ、混ぜ合わせる。

❷ 味をみて、塩・砂糖で調整する。

レモンドレッシング

材料（4人前）

レモン汁	30 g	塩	適量
エクストラバージンオイル	60 g		

作り方

❶ 材料をボウルに入れ、バーミックス又はホイッパーで混ぜる。

❷ 味をみて、塩で調整する。

仕上げ

❶ アオリイカはカットして、塩をしてさっとグリルする。

❷ ボウルにスナップエンドウ、白桃を入れ、レモンドレッシング、塩で味つけする。

❸ 皿にフランボワーズのヴィネグレットを彩りよく配し、サラダを盛り、アオリイカをのせる。

❹ エクストラバージンオイルをかける。

ポイント

桃のサラダの場合、桃の甘さで味がボヤケることがあるので、塩味はしっかりめにすること。

アレンジ

アオリイカの他にタコや貝類、青魚の酢〆等でもおいしく楽しめる。

オマール海老とパパイヤの
サラダ仕立て

甘い香りと大人の味わいのある一皿。大切な方へのおもてなしに最適。
上質なスパークリングや白ワインがぴったり。

材料（２人前）

オマール海老	１尾
パパイヤ	1/2個（熟したものを使う）
インゲン	６本（茹でて冷やす）
玉ネギアッシェ（みじん切り）	30ｇ
マイクロホワイトセロリ	適量
ヴィネグレットソース	適量
赤ワインビネガー	70ｇ
塩	７ｇ
ピュアオリーブオイル	130ｇ
エクストラバージンオイル	130ｇ

作り方

❶ オマール海老をブイヨン（市販品）かクールブイヨン（分量外）で茹でて冷やす。殻から外しヴィネグレットソースで和える。
❷ カットしたパパイヤ・インゲン・玉ネギアッシェをボウルに入れヴィネグレットソースで和える。
❸ お皿にオマール海老とパパイヤ・インゲンを交互に盛りつけ、マイクロホワイトセロリを飾る。

ソムリエからのアドバイス

触感のしっかりとしたオマール海老は高タンパク質でパパイアにはデトックス効果も。
みた目も美しいこの一皿には、上質なシャンパーニュや質の高い白ワインが最適。

ソムリエからのアドバイス

火通ししても比較的栄養素が変わらないカリフラワーと繊細な味わいの蟹とのコンビネーション。ライムの香りがさらにワインとの相性を引き上げます。
シャルドネ主体のシャンパーニュがよく合いますが、上質なリースリングでも合います。

カリフラワームースと蟹
ライムの香り

口当たりもさらっとしていて、ほんのりライムの香り。お洒落な食卓によく合う料理です。深みのある白ワインやスパークリングワインと相性がよい。

材料（２人前）

カリフラワー	１株（軸から外す）
牛乳	適量
生クリーム	50ｇ（７分立てにする）
ズワイ蟹（ほぐし身）	50ｇ
エシャロットアッシェ	10ｇ（細かく刻み流水にさらし、辛みを抜く）
コンソメジュレ	適量（粗めの網でこす）
ライム絞り汁	適量
ヴィネグレットソース	適量
ライムゼスト	適量
アマランサス	適量
エクストラバージンオイル	適量

作り方

❶ 鍋にカリフラワー・牛乳・水・塩を入れ、カリフラワーがしっかり柔らかくなるまで茹でる。
❷ ❶のカリフラワーをミキサーに入れ、適量の茹で汁と一緒に滑らかになるまで回す。
❸ ❷のピューレにゼラチンを加え、こして冷やす。
❹ ❸が冷え固まってきたら７分立ての生クリームを合わせ、しっかり冷やし固める。
❺ 蟹のほぐし身にエシャロット・ライム絞り汁・ヴィネグレットで味を調える。
❻ お皿にカリフラワーのムース・蟹ほぐし身・コンソメジュレの順に盛り、ライムゼスト・エクストラバージンオイルを加え、アマランサスを飾る。

赤ワインソースをからめた
アナゴのグリル　サラダ仕立て

アナゴを洋風に焼き上げ、コクの深い味わいが特徴。少し重めの赤ワインがおすすめですが、お好みで軽めの赤ワインでもOK!!

作り方（2人前）

開きアナゴ……4本（ぬめりを取り、下処理したもの）
赤ワインソース……適量
アボカド……1個
ケール……適量
トレビス……適量
セルバチコ……適量
からし菜……適量
ケイジャンスパイス……適量
塩……適量

作り方

❶ アボカドを適当な大きさにカットしボウルに入れ、ケイジャンスパイスと塩・赤ワインソースで味つけし、ペースト状になるように潰し混ぜる。
❷ ケール・トレビス・セルバチコ・からし菜を適当な大きさにカットし合わせサラダにする。
❸ アナゴの表面に黒コショウ・オリーブオイル（分量外）を塗り、しっかり熱したグリル板でグリルする。
❹ ❸のアナゴに赤ワインソースをしっかりからめる。
❺ アボカドペースト・赤ワインソースで和えたサラダを皿に盛り、サラダの上にアナゴを盛る。

ワンポイント

ケイジャンスパイスとはチリタコス味に似ているもので、数種類のスパイスを混ぜたもの。肉料理・魚料理に相性のよい辛味の調味料。

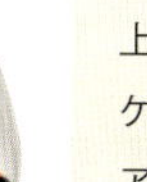

ソムリエからのアドバイス

上質なアナゴを気軽に家庭でもチャレンジして欲しいと思い、ワインに合うレシピを考案。
ケール、トレビス、セルバチコなどほろ苦い野菜類を使用し、
アナゴには、赤ワインをからめ、ヴィネガーをきかせたアボカドを添えます。
旨味、酸味、苦みが上手く調和されており、素材の栄養バランスにも長けています。
熟成を経たイタリアのバルバレスコやフランスのカオールと合わせてみたい。
また、カリフォルニアのジンファンデルでも率なく楽しめます。

ソムリエからのアドバイス

夏魚の代表であるスズキは蒸すよりも焼く方が圧倒的においしいと思います。
獰猛で野性味あふれる香味は、海のジビエと呼べるでしょう。
通常なら南フランスの白またはロゼワインを合わせますが、スパイスの香りのあるミディアムボディの赤ワインでもとてもよく合います。

スズキのロースト
プロヴァンス風

スズキの焼き物を家庭でもフレンチ感覚で。野菜はお好みでたっぷりと添えます。ワインは白、ロゼが一般的ですが、ちょっと軽めの辛口赤ワインもおすすめ。

材料（２人前）

スズキ	70 g × 2
タイム	適量
皮つきニンニク	１片
黄ズッキーニ	1/2本（２cm角にカットする）
緑ズッキーニ	1/2本（２cm角にカットする）
黄パプリカ	1/2個（２cm角にカットする）
フルーツトマト	３個（皮をむき、1/2カットにする）
乾燥ひよこ豆	適量（一晩水に浸し、柔らかくなるまで塩茹する）

作り方

❶ 鍋にオリーブオイル・ニンニクを入れ、火にかけて香りを出す。
❷ ❶の鍋に黄・緑ズッキーニと黄パプリカ・ひよこ豆を入れフタをして蒸し焼きにする。
❸ ズッキーニ・パプリカに火が入ったら、タイムとフルーツトマトを入れ、軽く煮込む。
❹ スズキは塩をして、皮面に強力粉をつけてフライパンで皮面から香ばしくローストする。
❺ お皿に❸の野菜を盛り、上に香ばしくローストしたスズキをのせタイムを飾る。

ワンポイント

スズキを焼く前には皮が反らないように、皮側を下にして冷蔵庫でラップしておき、焼くときも皮面から、フライパン返しでおさえつけるように焼くときれいに仕上がる。

白身魚のアクアパッツア

南イタリア料理ではお馴染みの一品です。取り分けて食べると楽しさも一段と！ ワインは辛口の白、または辛口のさわやかスパークリングが合います。

材料（2人前）

白身魚	1尾
あさり	10個
黒オリーブ	10粒
梅干し	1粒
フレッシュトマト	1/4個
大葉	2枚
ドライトマト（千切り）	1/4個
タイム	1本
にんにく（みじん切り）	1/2片
白ワイン	90mℓ
水	90mℓ

作り方

1. 魚はワタとエラを取り、塩と白コショウ（分量外）で下味をつける。
2. フライパンにオリーブオイルを薄く引いて、魚を色づくまで焼く。
3. 同じフライパンの端で、にんにくと梅干し、ドライトマトを弱火で炒める。
4. オリーブ・フレッシュトマト・アサリ・白ワインを入れ、あさりが開き、水分が半分ぐらいになるまで煮詰める。
5. 水を注ぎ、煮汁に十分うま味を感じるようになったら火を止める。
6. 皿に盛りつけて、大葉を散らす。

ソムリエからのアドバイス

タイ、ヒラメ、ホウボウなどを用いて、フライパンさえあればだれにでもトライ出来る一皿です。香味野菜と共に軽く白ワインで魚の皮が焦げないように火通しするのがポイント。
イタリア料理の中では、もっともシンプルに素材のうま味が表現できる調理法です。
ワインは、白ワインならイタリアのガヴィまたはスペインのカヴァなど発泡性のあるワインにもよく合います。

ソムリエからのアドバイス

赤身のマグロをぜひ気軽にと思い考案した料理です。
コリンキーがなければパプリカで代用することもでき、オリーブオイルにマスタードなどでさっと作れます。マグロとヴィネガーの組み合わせで、血液もさらさら！
ワインは軽めの赤が理想ですが、コクのある赤ワインでもお愉しみいただけます。

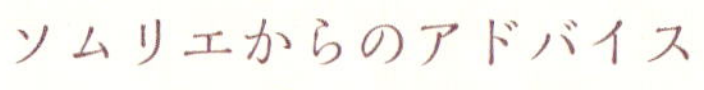

マグロとコリンキーのサラダ仕立て

手軽なサラダ仕立ての料理ですが、おいしく満足感溢れる一皿に。ワインは軽めの赤を、ワイン好きの方ならコクのある辛口赤ワインで。

材料（１～２人前）

マグロ赤身	50 g	塩	少量
コリンキー	60 g	ハーブオイル	適量
きゅうり	40 g	フランボワーズビネグレット	適量
ホワイトセロリ	２本	トレビス（飾り用）	１枚

作り方

❶ マグロ、コリンキー、きゅうりをそれぞれ1.5㎝角に切る。ホワイトセロリは茎の部分を２㎝に切る。

❷ フランボワーズビネグレットとハーブオイルを加え、ゴムべらなどで和える。

❸ 塩で調味。

ワンポイント

マグロの場合は、赤ワインビネガー系のビネグレットが合う。

イカとタコのセビーチェ

マリネすることでイカ、タコのおいしさもアップ。晴れた日のランチタイムの一皿に。ワインはぜひ、辛口の白で。

材料（２人前）

イカ……50 g
タコ……50 g
きゅうり……400 g
ミント（粗く刻む）……10枚
玉ねぎ（みじん切り）……1/8個
トマト……1/2個
パプリカ（後で加える）……1/8個

◆マリネ
レモン……1/2個
レモンの皮（みじん切り）……1/2個
白ワインビネガー……10mℓ
エクストラバージンオリーブオイル……30mℓ
ピマンデスペレット……2 g
塩……2 g
ナンプラー……20 g

作り方

❶ イカとタコは塩と酢を少々加えた湯でさっと湯引きする。その後、氷水で急冷し、1.5cmに切る。
❷ トマト、きゅうり、パプリカは１cm角に切る。
❸ ボウルに具材を入れて、マリネ材を加えて落としラップをして、最低２時間冷蔵庫に寝かせる。一晩寝かせるとより味がなじむ。

ワンポイント

マリネは本来、塩・こしょうで作るが、今回はナンプラーを使うことで風味が増し、より魚介の味が活きる。
ピマンデスペレットは、香り高いバスク特産の唐辛子。高価なので粉唐辛子でもよいが、粉唐辛子の方が辛味か強いので、量は半分以下にする。

ソムリエからのアドバイス

南米ペルー発祥の料理ですが、さほど手間暇かからず作れます。
レモンやライム、柚子などの柑橘類を加えればさらに完成度合いが高まります。
イカとタコがなければ、真鯛やホタテ貝でも代用可能です。
シャンパーニュでも、爽やかな辛口白ワインでも楽しめます。

ソムリエからのアドバイス

食の細くなる夏季から初秋に最適な料理。
肉厚な帆立貝はグリルまたは網焼きに。マスカットがなければ他の葡萄でも可。
リアスバイシャスまたはリースリングが最上の相性です。

帆立とじゅん菜、シャインマスカットの酢の物

じっくりと味わえるうま味たっぷりの一品。新感覚の料理には辛口の白のスパークリングや少し軽めの白ワインが合います。

材料（2人前）

帆立	4個	マイクロトマト	数粒
じゅん菜	大さじ2杯	ゼラチン	1/4枚
シャインマスカット	4粒		

作り方

❶ 帆立は貝から外し、軽く水洗いした後に薄塩をあてる。網を熱して両面軽く焼き目をつけて冷水に。

❷ 土佐酢の材料を鍋に入れて沸かしたら、水で戻したゼラチンを入れ混ぜて溶かし、あら熱が冷めたら冷蔵庫で冷やす（半日程度）。

❸ 材料を適宜カットして、帆立は横スライスにして、マスカットは縦半分にし、器に見栄えよく盛り、箸で崩した土佐酢ゼリーを大さじ3〜4杯掛け、その上にじゅん菜・マイクロトマトをあしらう。

ポイント

じゅん菜を見せたいので、ゼリーの上にじゅん菜を散らすのがポイント。

アレンジ

帆立に代えてタコや酢で〆た青魚も合う。

タコとカボチャの甘煮

タコとカボチャの組み合わせでほんのり甘めの料理ですが、おつまみには最適。ワインはさわやかな軽めの赤を。

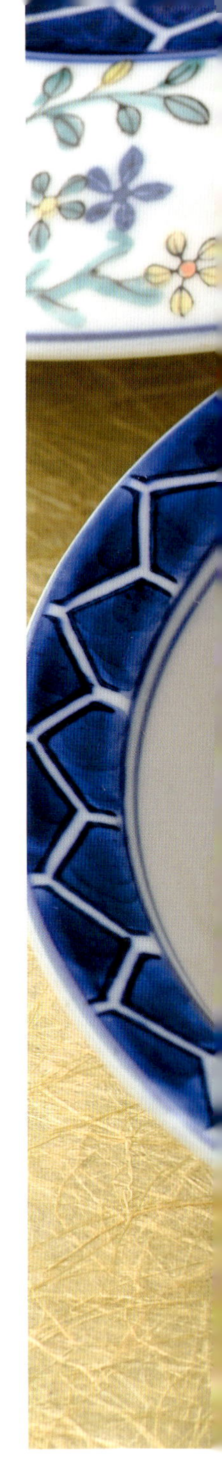

材料（1～2人前）

真ダコ　足	2本
カボチャ	適量
里芋（石川芋）	2個
おくら	4本

◆調味材料

昆布出汁	300mℓ
濃口醤油	360mℓ
酒	150mℓ
三温糖	25g

作り方

❶ 真ダコを塩で揉み、ぬめりを取ってから熱湯をさっとかけて霜降りする。
❷ 調味材料を合わせて鍋で沸かしてから耐熱容器にうつし、そこに❶のタコを入れ、ラップをして1時間半程、蒸し器で蒸し煮にする。
❸ カボチャ、石川芋の皮をむき、水から（15～20分程）串が通るくらいに下茹でし、❷の蒸し煮の汁に入れて味を含ませる。
❹ タコを切り分け、さっと塩茹でしたオクラと共に皿に盛りつける。

作る際のポイント

タコからのうま味が出るので、昆布出汁は使わずに味つけしてもよい。

アレンジ

真ダコはボイルしたものでも代用できる。

ソムリエからのアドバイス

我々日本人の人気食材でもあるタコと庶民的食材のカボチャの共演。
淡白なタコを柔らかく仕上げ、口中では豊富な磯の香りを存分に味わえる滋味豊かな一皿。
ねっとりとした触感のカボチャを添えていますので、適度に熟成をしたボルドーの赤ワインと楽しめます。

ソムリエからのアドバイス

美味な鮑の旬は夏のイメージもありますが栄養価も抜群。年間でも愉しみたい一品です。
さっと湯がいた鮑を酒や味醂などで火入れをし、
シャキシャキとしたミネラル豊富なアスパラと味わうこの料理は格別。
ワインはピノグリならではの赤紫の果皮のアロマと豊かな味わいが程よく料理を引き立てます。

アワビとアスパラの肝煮

ちょっと贅沢な大人味の一品、ほろ苦さもおいしくワインとの相性もよい。ワインはしっかりとした深みのある辛口白がぴったり。

材料（2人前）

活アワビ（150～200g）	1個	薄口醤油	30㎖
アスパラ	2本	味醂	30㎖
酒	100㎖		

作り方

❶ 活アワビを3～4㎜厚でカットする。肝ははずして包丁で細かくたたく。
❷ アスパラを塩を入れた湯でさっと茹でる。
❸ 肝をたたいて鍋に入れ、酒・薄口醤油・味醂を合わせ火に掛ける。
❹ ❸が沸騰したらアワビの身を入れ、周りがくるっと丸くなってきたら取り出す。その後に鍋を煮詰めてソースを作る。
❺ 器にアワビとカットしたアスパラを盛りつける。
❻ ❺に❹のソースを掛けて出来上がり。

ポイント

貝に火を入れすぎないことがポイント。

アレンジ

アワビの他に肝のついた他の貝でも代用可（つぶ貝など）。

鯛かぶと煮

魚好きにはたまらない煮物。甘辛さと磯の香りに野菜もいっしょにおいしくいただける、味わい深い料理。ちょっと軽めの赤ワインの辛口で。

材料（2人前）

鯛かぶと	1尾分	ねぎの青い部分	1本
人参	3㎝	酒	30mℓ
ごぼう	4㎝	砂糖	60g
スナップエンドウ	4本	濃口醤油	100mℓ
生姜の皮	3枚	味醂	40mℓ
針生姜	少々	（野菜を茹でる塩	小さじ1杯）

作り方

❶ 鯛かぶとは頭を半分に切り、薄塩をまぶす。
❷ 5分程したら塩を洗い流し、沸騰した湯にくぐらせる。ひれがピンと立ったら冷水にとり、ウロコと血合いをきれいに取る。
❸ 人参を半月にカットし小鍋で水から茹でる（さっと串が通る程度）。スナップエンドウは1分ほど塩（適量）を入れた熱湯で茹でておく。
❹ 鯛かぶとを重ならないように鍋に入れ、水と酒を半々の分量でひたひたになる程度入れ、人参・縦切りにしたごぼう・生姜の皮・ねぎの青い部分をのせアルミホイルでフタをして強火にかける。
❺ 湧いてきたらアクを取り、砂糖を入れて醤油の分量1/4を入れ煮る。
❻ 鯛の目が白くなってきたらフタを取り、残りの醤油を入れて煮詰めていく。
❼ 仕上げに味醂を入れて照りをつける。
❽ 皿に鯛かぶと、人参、茹でておいてスナップエンドウ、煮詰めた煮汁をかけて、針生姜を飾る。

アレンジ

いろいろな魚で代用できますが、メバル・カレイ等で作る際は味わいを少しあっさり目に。ブリ等の青魚で作る際は少し濃い目でもおいしくできる。
少し時間をおいて食べるときには、煮汁を詰めるとき控えめにした方が素材の味を楽しめる。

ソムリエからのアドバイス

意外に鯛の頭はあまり使用されておらず、上手に応用できればこれ以上ない良質な素材となります。
少し濃いめの味つけに、ニンジンや絹さやなどと栄養バランスも申し分ありません。
ワインはメルロを主体にしたボルドーの赤ワインが理想で、スペインのリオハやイタリアのキャンティクラシコなどでも楽しめます。

ソムリエからのアドバイス

夏の味覚を代表するものであり、さっと高温の油を用いて唐揚げで食したい料理です。
唐揚げにすることで、鮎本来のフレーヴァーはさらに凝縮されます。
この調理法には、香り華やかで心地よい酸味を有するガメイ品種をおすすめしたい。
ワインの酸味がほのかなすがすがしさを表してくれます。

鮎唐揚げ踊り

活鮎をカラッと揚げてスダチの酸味と香りをきかせて…。季節限定のおいしい肴。ここでは、赤ワインの辛口、軽めをおすすめ。

材料（1人前）

鮎	1尾	スダチ	適量分
小麦粉	適量	たで	適量分（飾り用）
米油	適量		

作り方

❶ 鮎唐揚げは、まず踊り串を打った鮎に小麦粉を刷毛で塗り160℃の米油で揚げる。

❷ 少し冷まして串を抜き2度揚げした後に塩を振る。

炊合せ

うま味出汁がきわだつ料理屋の味。一人静かに飲むときの最高の一品。じっくりと重みと深みのある辛口の赤ワインで。

材料（３～４人前）

材料	分量	材料	分量
茄子	２本	酒	265mℓ
甘長唐辛子	４本	味醂	40mℓ
真ダコ足１本（小さければ２本）	150ｇ	出汁（昆布と鰹の出汁）	300mℓ
海老出汁（干し桜海老）	５ｇ	砂糖	150ｇ
濃口醤油	170mℓ	青ゆず	適量
水	１ℓ		

作り方

❶ 茄子は皮に薄く切れ目を入れて素揚げする。熱湯で油抜きをした後で海老出汁に濃口醤油と味醂で煮る（昆布と鰹の出汁300mℓ・濃口醤油40mℓ・味醂40mℓ・干し桜海老5ｇ）。自然に冷まして２日寝かせる。

❷ 甘長唐辛子は醤油と酒を２:１で合わせたたれを唐辛子にぬりながら焼く。
その後に、濃口醤油30mℓ・酒50mℓを合わせたたれを通してから焦げ目がつく程度に焼く。

❸ 蛸柔らか煮は生のタコを塩揉みしてぬめりを取りその後水にさらす。霜降りにしてジップロックに入れて冷凍。２日後解凍して圧力釜で炊く。
真ダコ足１本150ｇ程度に対して水１ℓ・酒250mℓ・砂糖150ｇ・濃口醤油100mℓ。
最初は水と酒と砂糖のみで圧力鍋で１時間炊き、火を止めてから醤油（分量外）を入れてそのまま冷まして一晩おく。

❺ 器に盛りつけ、青ゆずを振る。

ワンポイント

茄子は揚げずに多めの油で炒めてもよい。

ソムリエからのアドバイス

和食の醍醐味でもある炊き合わせの調理法をぜひマスターしたい。
タコや茄子、万願寺唐辛子などはそれぞれ調理法も味つけも異なり、見た目よりも手の込んだ料理になっています。
味わいも非常に上品でありながら奥深い。これには、ブルゴーニュのピノワールが相応しいですが、程よく熟成を経たボルドーの赤ワインやイタリアのキャンティクラシコなども楽しめます。

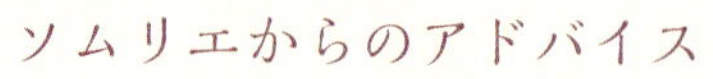

ソムリエからのアドバイス

鯛は、生で食すよりもよりワインとお楽しみいただけるように、藁焼きで香りをつけ、より緻密な味わいを演出してみました。
藁焼きの代わりに、少しだけフライパンやグリル焼きにすることで、鯛には香ばしさが寄与され、これがさらにワインとの可能性を見出してくれます。
合わせるワインは、アルバリーニョなどアロマが豊富な辛口白ワインが理想的です。

天然鯛の焼き霜造り

シンプルな料理ですが、来客などのおもてなしに、喜ばれる一皿です。
この料理では重めの辛口白ワインとの相性がよいのでおすすめです。

材料（1人前）

鯛 ………… 75 g
花穂じそ ………… 適量
わさび ………… 適量

作り方

❶ さくどりした鯛の皮に切れ目を入れて藁焼きにする。自然に冷ましてから切り分けて、花穂じそとわさびを添えて盛りつける。

ワンポイント

鯛の炙りは藁でなく直火でもよいが、そのときは皮目に少し塩を振るとおいしく仕上がる。

ワンポイントアドバイス

定番のチーズと生ハムに合うワイン

セレクトに迷った場合は…。

一般的に、ワインにはチーズや生ハムは欠かせないアイテムと言われています。
ビタミン類やアミノ酸を程よく含むチーズや生ハムにワインの多様なフレーヴァーは卒なく相乗します。
もしもワインのセレクトに迷った際には、やや甘口のドイツのリースリングなどをお試しください。
また、赤ワインには肉料理、白ワインには魚料理と決めつけるのではなく、甘口・辛口・ロゼ・スパークリングなど、たくさんトライして自分の好みを発見するのも素敵なことです。
しかしながら、留意すべき点もいくつかあります。
スープのような水分の多いものやスパイシーなカレー、濃口のドレッシング類とはさほどよい関係にはなりません。
どのようなタイプのワインとのペアリングがよいのか？　と、迷ったときにはやや辛口のロゼワインを選んでおくと間違いはありません。

3.

肉料理は本格味つけで おいしく

豚バラロールと浅利のソテー バルサミコ風味

ほんのりバルサミコ酢の酸味を残して、素材のおいしさがきわだち、おかずにもなる料理です。辛口の白ワインと一緒に。

材料（２人前）

豚バラ肉スライス……12枚
あさり……20粒
人参……$^{1}/_{2}$本（千切りにして下茹でしておく）
ごぼう……$^{1}/_{3}$本（下茹でしておく）
バルサミコ酢……60mℓ

作り方

❶ 千切りにした人参を豚バラ肉で巻いて、塩をし、薄力粉をまぶす。
❷ フライパンに白胡麻油（分量外）を引き、❶の豚バラ肉巻きを香ばしく焼き上げる。
❸ ❷のフライパンにあさり・ごぼうを加え炒める。
❹ あさりの汁が濃縮してうま味がのってきたらバルサミコ酢を加え仕上げる。

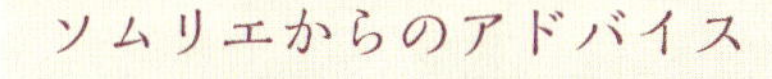

ソムリエからのアドバイス

この料理の素材は、比較的入手しやすくアレンジ次第ではワインに最適の一皿になります。オリーブオイルでも代用可能ですが、白胡麻油を用いることで、さらに芳ばしく深い味わいになります。
豚とあさりの風味が程よく表れたところに、バルサミコ酢を加えることでさらにコクが出ます。栄養も申し分ないこの一皿には、イタリア北部のバルバレスコやポルトガルのダンワインまたは南フランスのヴェルメンティーノの辛口白ワインなどをおすすめします。

ソムリエからのアドバイス

ベトナムの人気メニューで、小麦アレルギーの方にも最適な米粉を使用したヌードルです。
鶏肉に様々な野菜類と麺を加えヌクマム（ナンプラー）を注ぎ完成させます。
最近では、エビやイカを使用した海鮮フォーも人気があります。
クコの実などを加え、スープの量を控えめに仕上げるとより味が凝縮し、ピノグリなどのふくよかな辛口白ワインとも楽しめます。

鶏とパクチーのフォー

アジアン風味が溢れる一品です。さっぱりとした味つけは女性好みの料理。コクのある辛口の白ワインが合います。

材料（2人前）

センレック（米粉製の平麺）	180 g
鶏ガラスープ	200mℓ
鶏むね肉	100 g
アーリーレッド（赤玉ねぎ・スライス）	1/4個
カシューナッツ	5粒
パクチー	2本
シナモン	1/2本
八角	1個
ライムリーフ	2枚
ナンプラー	5 g

作り方

❶ センレックは水で戻す。アーリーレッドはスライスし水でさらして辛味を抜く。

❷ 鶏むね肉はナンプラー・ライムリーフで下味をつけ、蒸すのがベストだが、弱火でボイルでもよい。

❸ 鍋に鶏ガラスープ・八角・シナモン・ライムリーフを入れ、6割程まで煮詰めて香りをうつし、ナンプラーで調味。

❹ センレックを茹でて、湯をよく切り、器に盛る。❸のスープ、鶏のスライス、刻んだパクチー、アーリーレッド、荒く砕いたカシューナッツを散らす。

ワンポイント

カシューナッツはなくてもよいがアジア料理ではよく使用される。食感のコントラストがよくなる。

牛タンとトウモロコシのグリル

しっかりとした味わいの牛タン料理で、ディナーの一品としてボリュームあるメイン料理になります。辛口の白ワインがおすすめ。

材料（2人前）

牛タン	150 g	万願寺唐辛子	2本
トウモロコシ	1/2本	カリフラワー	1/8玉

作り方

❶ 牛タンはレモングラス・にんにく・玉ねぎ（分量外の味つけ用）と一緒に70℃くらいの湯で、柔らかくなるまで茹で、香りを移すためにフタをして煮汁ごと冷ます。一晩つけておくのがよい。

❷ トウモロコシは皮つきのまま蒸しておく。

❸ 牛タンに塩と黒胡椒を振ってグリルパン（またはフライパン）で焼く。トウモロコシと他の野菜も同じグリルパン（フライパン）でよいので、焼き目がつくまで焼く。トウモロコシ以外の野菜は季節の牛タンに合うよう選ぶとよい。

ソムリエからのアドバイス

ローカロリーでビタミンBと鉄分を豊富に含む牛タンにはレモングラスの香りを纏わせますが、この牛タンと、ミネラルや食物繊維を適度に含むとうもろこしとの組み合わせは、とても栄養バランスにも長けてます。
牛タンもとうもろこしも一つのフライパンで一緒に調理でき、理想的なレシピです。
合わせるワインは、各国のシャルドネやイタリアのヴェルディッキオなど辛口の白ワインが適します。

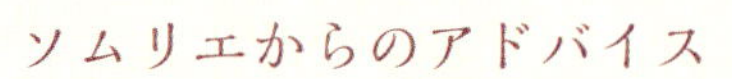

ソムリエからのアドバイス

良質な必須アミノ酸が豊富に含まれる仔羊と火入れしてもビタミン類を失わないカラフルパプリカの共演。バルサミコ酢などを添えてもいいでしょう。
料理の全体的な印象には、芳ばしいグリルの香りがあるので、ローストの香りがある木樽熟成を経たマイルドな赤ワインをおすすめします。
イタリアのヴァルポリチェッラやスペインのリオハなどをすすめたい。

仔羊とパプリカのグリル
グリーンペッパー風味パプリカソース

ピリッとパンチのきいたペッパー風味にワインもすすみます。添えた野菜の彩りも美しいので、食卓が華やかになります。マイルドな辛口の赤ワインを。

材料（２人前）

材料	分量
仔羊	４本
赤パプリカ	1/2個分
黄パプリカ	1/2個分
緑パプリカ	1/2個分
塩	適量
ブラックペッパー	適量

◆グリーンペッパー風味パプリカソース

材料	分量
赤パプリカジュース	２個分
エシャロット（みじん切り）	1/2片
シェリービネガー	50g
グリーンペッパー（粗みじん切り）	50 g
グラス・ド・ビアンド	5 mℓ
塩	適量
ハーブオイル	20mℓ

作り方

❶ 骨１本ずつに切りわけた仔羊に塩（分量外）・胡椒で下味をつける。
❷ パプリカはくし形に切り、ソテーする。
❸ グリルパンまたはフライパンで両面に焼き色をつける。トングなどで肉を持ち、脂の面をしっかり焼く。
❹ 皿にそれぞれが目立つように盛り、ソースをかける。

グリーンペッパー風味パプリカソース
❶ パプリカはミキサーでジュースにし、キッチンペーパーで液体のみ絞り出す。
❶ その他材料を入れ、少しとろみが出るまで煮詰める。
❸ 塩で調味。

ポイント

ハーブオイルは「マグロとコリンキーのサラダ仕立て」（46ページ）に使用したもの。
ソースは本来仔羊のだしが望ましいが、今回は缶詰の「グラス・ド・ビアンド」を使用。コクを出したいときに便利。

ふくかつ

よく下味をつけて火入れをした豚肩ロースの揚げ物。肉のやわらかさ、ジューシーさは手間をかけた分だけ価値あるものです。おもてなしやホームパーティーにも最適。ワインはクリーミーな軽めの赤を。

材料（２人前）

豚肩ロース塊	300 g
卵	適量
パン粉	適量
大根おろし	適量
ポン酢	適量

◆下煮の材料

生姜の皮	５枚
ねぎの青い部分	３本
赤ワイン	300mℓ
醤油	100mℓ
砂糖	80 g
水	適量

作り方

❶ 豚肩ロース塊を、下煮の材料のうちの水・赤ワイン・生姜の皮・ねぎの青い部分と共に１時間半下煮して、煮汁ごと一晩冷やす。

❷ ❶の肉を、1.5～２㎝厚にスライスして、それを煮汁１ℓに下煮材料の残りの醤油・砂糖を加えた中に入れ、30分ほど弱火で煮てそのまま煮汁ごと一晩冷ます。

❸ ❷で出来上がったスライス肉を煮汁から取り出し、卵・パン粉をつけて180℃の油で揚げる。

❹ サラダやマリネ等をあしらい、一口大に切って盛りつける。代わりに大根おろしやぽん酢を添えてもおいしい。

ポイント

大きな塊で下煮するほどジューシーに仕上がります。パン粉がつきにくい場合は溶き卵にサラダ油を入れると接着力が高まる。

アレンジ

カツサンドや玉子とじにして丼にしてもおいしく味わえる。

ソムリエからのアドバイス

ホームパーティーなどでは、シンプルなものよりひと手間にこだわりたく、この一皿をご紹介します。豚肩ロースの塊をネギ・生姜・赤ワイン・醤油などで軽く火入れをし、その後一晩、味を浸透させ、サクッと香り高く揚げた一品。
ここには、料理に表現されている豚肉のジューシーさや脂質、肉に纏わる芳ばしいパン粉などがポイントとなるので、フレッシュでクリーミーな味わいのワインがよく合います。
果実の穏やかな香りが特徴のイタリアのフランチャコルタ（発泡性の白）やブルゴーニュ地方のシャブリ、もちろんピノノワールも申し分ないマリアージュになります。

ソムリエからのアドバイス

和食の醍醐味でもあるすき焼きは、我々日本人の食卓ではごちそうの一品です。
上質な牛肉にキノコやクレソン（春菊でも可）などの具材を、酒と味醂・醤油・砂糖などで味つけを行う。やや濃い目の味つけには、ボルドーのメルロ主体のワインがよく合い、イタリアのブルネロ・ディ・モンタルチーノでも楽しめます。
また淡い味つけには、上質な黒葡萄が主体のシャンパーニュをおすすめしたいと思います。

すき焼き

シンプルな定番鍋料理ですが、淡い味つけのときには、上品なスパークリングワインの白辛口がよいでしょう。

材料（２人前）

牛肉	300 g	味醂	150㎖
きのこ	150 g	砂糖	100 g
クレソン	150 g	醤油	200㎖
酒	150㎖	水	150㎖

作り方

❶ 先に酒と味醂のアルコールを飛ばして砂糖と醤油と水150㎖を加える。

❷ 野菜の材料を入れ、煮えたところに牛肉を加える。

ワインのこと好きになってもらえましたか？
ワインを知って、ワインとの楽しい時間を
すごしていただき、豊かな食卓作りのお役に
立てることを願っております。

4.

デザートを
楽しく おいしく

パンナコッタ・グレープフルーツのジュレ 紅茶のチュイル添え

お洒落スイーツは、おもてなしに最適！ 甘めのスパークリングや軽い白ワインとの相性も抜群です。

蜂蜜のパンナコッタ

材料（6人前）

生クリーム45%	250mℓ	蜂蜜	25g
牛乳	75mℓ	板ゼラチン	2.7g
グラニュー糖	20g		

作り方

❶ 板ゼラチンを冷水でふやかす。
❷ 鍋に生クリーム・牛乳・グラニュー糖・蜂蜜を入れ、火にかける。
❸ 鍋はだが、フツフツとしてきたら火を止め、ふやかしたゼラチンを加える。
❹ シノワでこして、冷水で冷やす。
❺ 冷めたら、バットまたは型に流して冷蔵庫で冷やし固める。

グレープフルーツのジュレ

材料（6人前）

グレープフルーツ	1個	グラニュー糖	25g
グレープフルーツジュース	125g	ヴェルモット	10g
水	100g	板ゼラチン	5.5g

作り方

❶ 板ゼラチンを冷水でふやかす。
❷ グレープフルーツの果肉を、一口大にカットする。
❸ 鍋にグレープフルーツジュース・水・グラニュー糖・ベルモットを火にかける。
❹ 沸いたら火を止め、ふやかしたゼラチンを加え、シノワでこす。
❺ 氷水でゼリー液を冷まし、冷えたらバットに流し、果肉を加え、冷蔵庫で固める。

アールグレイのチュイル

材料（6人前）

卵白	20g	薄力粉	20g
粉糖	20g	アールグレイ	1g
溶かしバター	20g		

作り方

❶ 全ての材料をボウルにいれ、ホイッパーで混ぜる。
❷ 容器に移し、最低1時間休ませる。
❸ 天板にうすく伸ばし、165℃のオーブンで5～6分、色づくまで焼く。
❹ 焼けたら熱いうちに天板から外して冷ます。

仕上げ

❶ 器にグレープフルーツのゼリーをほぐして盛り、その上にパンナコッタをのせる。
❷ ミントの葉を飾り、アールグレイのチュイルを盛る。

ソムリエからのアドバイス

このデザートはイタリア発祥で、生クリーム、牛乳に砂糖、ゼラチンなどで構成されている。通常は、生クリームが多いため、口中ではまったりとした味わいになるが、そこにグレープフルーツのゼリーを加え、爽やかさを添えつつ甘さを緩和させている。ワインは、南西フランスの甘口、ジュランソンや日本のデラウェアのセミスイートもおすすめです。

マスカルポーネとブルーベリーのデザート
カカオのチュイルと黒コショウの風味のガナッシュ

アート感覚なスイーツからは一口で幸せ感が生まれます。甘口の白ワインと一緒に。

マスカルポーネとブルーベリーのデザート

材料（6人前）

ブルーベリー……12個

◆マスカルポーネクリーム

マスカルポーネチーズ……125 g
サワークリーム……25 g
粉糖……15 g
生クリーム35%……75 g

作り方

❶ ボウルにマスカルポーネクリームの全ての材料を入れ、ホイッパーで固めのクリーム状になるまで、混ぜる。クリーム状になったら、しぼり袋に入れる。

ブルーベリーのセミフレッド

材料（6人前）

生クリーム45%……125 g（7分立てにする）
ブルーベリーピューレまたは
ブルーベリージャム……60 g
グラニュー糖……40 g
卵黄……1.5個
卵白……1.5個

作り方

❶ ボウルに卵黄、グラニュー糖30 gを入れ、ホイッパーで白っぽくなるまで混ぜる。
❷ 白っぽくなったらブルーベリーピューレを加える。
❸ ❷に7分立てにした生クリームを加え混ぜる。
❹ ボウルに卵白を入れ、ホイッパーで泡立てる。8分位までたったら残り10 gのグラニュー糖を加え、ピンと角が立つくらいまで立てる。
❺ ❸に❹を2回に分けて加えて混ぜる。
❻ 1.5㎝くらいの高さのバットに流し、冷凍庫で冷やし固める。

黒胡椒のガナッシュ

材料（6人前）

生クリーム35%……100 g
板チョコ……100 g
黒胡椒（粗びき）……2 g

作り方

❶ 板チョコを刻んでボウルに入れる。
❷ 生クリームを鍋に入れ火をかける。
❸ 生クリームが沸いたら❶のボウルに加えゴムベラで混ぜる。
❹ 目の細かいザルで濾して、黒胡椒を振る。
❺ 常温で固まるまで冷ます。

カカオチュイル

材料（6人前）

卵白	20 g	薄力粉	18 g
溶かしバター	20 g	ココアパウダー	2 g
粉糖	20 g		

作り方

❶ 全ての材料をボウルに入れ、ホイッパーで混ぜる。
❷ 混ざったら容器に移し、最低1時間休ませる。
❸ 縦5㎝　横12㎝程に生地を天板にうすく伸ばし、165℃のオーブンで3分30秒焼く。
❹ 焼けたら熱い内に天板からはがし、円筒形のものに巻きつける。

仕上げ

❶ 皿にカカオのテュイルを置き、丸く抜いたブルーベリー、カットしたセミフレッドを中に入れる。
❷ マスカルポーネクリームをしぼり、ブルーベリー、カットしたセミフレッド、ガナッシュを盛り、ミントを飾る。

ソムリエからのアドバイス

口溶けの良いなめらかでライトなマスカルポーネチーズに、果実味たっぷりのブルーベリーのセミフレッド、アクセントに黒胡椒のチュイルを添えたお洒落感覚あふれる一品。
ワインは、ネクタリンの砂糖漬けのような甘さを感じさせるフランスのソーテルヌをおすすめします。

桃のクレームブリュレ

家庭的で上品なスイーツはクリームブリュレの甘さと、桃の甘さが絶妙な味わいを作ります。甘めの白ワインや、甘口のスパークリングワインと相性もぴったり。

材料（1人前）

卵黄	1個	生クリーム	150mℓ
全卵	1個	三温糖	2g
グラニュー糖	45g	トッピングの桃	1/4個
牛乳	200mℓ		

作り方

❶ 卵黄と全卵とグラニュー糖をボウルでよく混ぜる。
❷ 牛乳・生クリームを❶に混ぜ、ザルでこしてから鍋にうつす。
❸ オーブンを120℃で予熱しておく。
❹ ❷の鍋を中火にかけ、ゴムベラで鍋底をかき混ぜながら熱していく。
❺ 80℃くらいになったら器（平らで浅いもの）に流し入れ、お湯を張ったオーブンに入れ40分加熱。
❻ 固まったらオーブンから取り出し、バットに氷水を入れて底を冷やす（1～2時間）。
❼ よく冷えたら表面に三温糖をまぶし、バーナーで焦げ目をつけて冷凍庫で2分程冷やす。
❽ 桃を約1.5㎝にカットしてブリュレにトッピングして出来上がり。

アレンジ

クレームブリュレは季節のフルーツとの相性がとてもよい。

ソムリエからのアドバイス

全卵、生クリームや牛乳などを原料にし柔らかなテクスチャー。
桃のデリケートな風味と表目のザラメを焦がした香りが混然一体となり、何とも美味。
季節により桃でなく、旬のフルーツでも出来ます。
ワインは、ドイツのリースリングのベーレンアウスレーゼまたはカナダの甘口ワイン ヴィダル（アイスヴァイン）などが相応しいでしょう。

◇料理制作協力・店舗紹介

バスティーズ

〒248-0033　神奈川県鎌倉市腰越1-3-11
☎ 0467-40-4232
https://ssl.bastides-kamakura.jp/

四谷　ふく

〒160-0004　東京都新宿区四谷4-28-8
　　　　　　パルトビル地下1階
☎ 03-3356-1948
http://www.yotsuya-fuku.com/

ラ・カソーラ

〒107-0061 東京都港区北青山2-9-15
☎ 03-6447-0177
https://la-cassola.owst.jp/

セレブール

〒107-0052　東京都港区赤坂3-18-7
パラッツォカリーナ4F
☎ 03-5545-3775
https://celebourg.com/

いがらし

〒150-0013 東京都渋谷区恵比寿4-9-15
HAGIWARA BLDG.5 2F
☎ 03-3447-9893
http://igarashi.favy.jp/

ワイン提供協力

国分グループ本社株式会社
〒103-8241　東京都中央区日本橋1-1-1
http://kokubu.co.jp/

ワイングラス協力

RSN JAPAN株式会社
〒107-0062　港区南青山1-1-1
青山ツインタワー西館 2F
https://www.riedel.co.jp/

ワインと料理　ペアリングの楽しみ方

2018年11月27日　初版第1刷発行

著者　森上 久生（もりがみ ひさお）
制作者　永瀬 正人
発行者　早嶋　茂
発行所　株式会社旭屋出版
〒107-0052
東京都港区赤坂1-7-19
キャピタル赤坂ビル8階
TEL　03-3560-9065（販売）
TEL　03-3560-9066（編集）
FAX　03-3560-9071（販売）
旭屋出版ホームページ　http://www.asahiya-jp.com
郵便振替　00150-1-19572

撮影　菊池 和男
デザイン　山本　厚（CTE・総括デレクター）
やまざき あやこ（CTE・デザイナー）
河合 謙次／小林 拓巳（CTE・企画室）
小松 克年／福田 雅也（CTE・企画室）
構成編集　水谷 和生
アシスタント　雨宮 節子
企画プロデュース　KEI COMPANY

印刷・製本　株式会社シナノ
ISBN978-4-7511-1361-5　C2077
定価はカバーに表示してあります。
落丁本、乱丁本はお取り替えします。